＼病気を防ぐ！毛並みつやつや！アレルギーも改善！／

ペット生き生き腸活ライフ

中村 仁　株式会社H&J 代表取締役
川野浩志　獣医学博士

主婦の友社

ペットは乳酸菌のチカラで、元気に長生きできます

私が乳酸菌に人生を捧げると決めたのは、23歳のときです。それから腸内細菌の研究や乳酸菌の開発にも関わり続け、42歳で自分の乳酸菌を発見することに成功し、20年以上かけて45歳で乳酸菌の体液の製品化に成功しました。

20年以上といえば、生まれた赤ちゃんが成人に達する時間です。当初私の乳酸菌人生はうまくいかず、いつしか「整腸」というワードを耳にすると、「私は成長しているのか？」と自問自答をくり返すようになっていました。

そもそも私が乳酸菌に関わるようになったのは、**動物も人間と同じように腸が原因の病気で苦しんでいる**ことを知ったことから始まります。さらに昔から「馬は草しか食べないのに、なぜ筋力が身について駆け回れるんだろうか？」「牛はどうしてあんなに大きな体格になれるのだろうか？」などの素朴な疑問を解決したいという思いも

ありました。そこで重要になるのは動物の身体にすみつく細菌の存在でした。この細菌の存在を知れば知るほど驚くことばかりで研究に没頭していきました。

私はまず腸のことを知ることから始めました。大腸には腸内細菌の大半が存在し、「第三の臓器」ともいわれます。生きて腸まで届く乳酸菌の多くは、小腸まで届いて小腸の消化酵素で死滅すると考えられています。小腸は腸内細菌こそ少ないですが、免疫の7割を担っており、この死んだ菌は多くの病気と密接な関係にあるといわれています。さらに脳を活性化して、メンタルにも影響を及ぼすことを知りました。腸が「第二の脳」といわれる所以です。

また口腔内細菌や皮膚常在菌などさまざまな細菌にも、それぞれに役割や必要性があってその場所にすみついていることがわかりました。

犬や猫などのペット、そして人間も、生まれてから死ぬまで体中の細菌とともに過ごしていき、細菌は生涯のパートナーといってもよいでしょう。その細菌との共存を助け、腸内から情報を送りながら健康を維持するのが乳酸菌です。

つまり乳酸菌の持つチカラを体に摂り入れれば、腸内がよい環境に整って、ペットの体全体が元気になり、健康で長生きすることにつながります。

最高の乳酸菌は、ペットと人間のどちらの腸も整えます

私が発見した乳酸菌は「乳酸菌ＨＪ１株」といいます。これは腸管免疫、腸内細菌、口腔内細菌、皮膚常在菌に影響を及ぼす乳酸菌で、現在は特許申請中も含め多くのエビデンスを取得しています。

「乳酸菌ＨＪ１株」発見のきっかけは「乳酸菌は過酷な状況下ほど強靭になり、そこで生まれる乳酸菌はさらなるパワーを持っているかもしれない」という考えからです。思い出したのはぬか漬けが自慢の父の姿。父は清潔とはいえない手で、直接野菜をぬか床に漬け込んでいました。そこで「父の皮膚常在菌が混ざった厳しい環境のぬか床で、生き残ろうとする乳酸菌ならば強くなっているはず」と思ったのです。私の予想は的中し、その**ぬか床から「乳酸菌ＨＪ１株」の菌は発見**されました。

さらに研究を重ねた乳酸菌は過酷な状況下では、**強くて菌同士がくっつきにくく、**

サイズの小さい理想的な菌になりました。

そして困難とされてきた乳酸菌の細胞膜（体液）の抽出にも、苦労を重ねて成功。**乳酸菌の中で健康に効果的と考えられているのは、細胞壁や細胞膜（体液）**です。これが小腸の腸管免疫を正常にし、大腸の腸内細菌バランスも整えて、**「脳腸皮膚口腔内相関」**（のうちょうひふこうくうないそうかん）**へ**とつながっていきます。

それまで「脳腸相関」という言葉はありましたが、「脳腸皮膚口腔内相関」は、腸が全身に影響を及ぼすという新しい考え方です。乳酸菌で腸を整えると、皮膚や口腔内まで健康効果が広がります。ちなみに乳酸菌が生きていても死んでいても効果が期待できるということは、多くの研究で証明されています。

この本が、愛するペットやあなた自身の健康維持の一助になれば幸いです。

株式会社H＆J
中村仁

CONTENTS

1章 からだを整える乳酸菌の基本

2章

ペットの腸内は乳酸菌で快腸にできる

3章 ペットに多い疾患は乳酸菌で予防できる

4章

乳酸菌が改善！ペットの口腔内・皮膚・毛づや

5章 ペットがよろこぶ乳酸菌の与え方

この本の決まりごと

この本は、株式会社H＆J、厚生労働省、各乳酸菌メーカー、研究機関などのデータや資料を参考にしています。
＊「乳酸菌 HJ1 株」の「皮膚及び口腔用有害細菌の抑制組成物」は、特許申請中です。

この本の乳酸菌を愛するキャラクター

ペットの体調、口腔内や毛づやなどの悩み、
そして乳酸菌を摂取することで効果がアップする
健康情報をかわいらしいキャラクターが、
よりわかりやすく解説していきます。

乳酸菌丸

腸内環境の改善効果が高い、乳酸菌が変身した姿。乳酸菌のなぞや効果などを、わかりやすく解決＆解説します

ONE(ワン)チャン

元気で活動的な柴犬。さらに One Chance 健康になりたいと飼い主が与えてくれる乳酸菌に興味津々！

ニャンチー

キジトラの美意識高い系の猫。乳酸菌効果で毛がつやつやになったことから、乳酸菌の秘密を探っています

ペットの健康には腸管内の細菌が影響！

獣医師・獣医学博士　川野浩志

犬や猫も、人間と同じように腸内環境のバランスが重要

人間の腸内の善玉菌はビフィズス菌が主役で重要な役割を果たし、乳酸菌は追随する脇役といったところです。犬の場合では乳酸桿菌（にゅうさんかんきん）、猫では腸球菌（ちょうきゅうきん）が主役である可能性が高いといわれています。

人間のビフィズス菌や犬の乳酸桿菌、猫の腸球菌は、加齢に伴ってその数が減少するので、菌をケアしてそれぞれ増やすようにしましょう。

腸内細菌は、善玉菌と悪玉菌、日和見（ひよりみ）菌の3グループで構成されています。腸内細菌のバランスが崩れると肥満、糖尿病、大腸がん、アトピー性皮膚炎、炎症性腸疾患などの多くの病気を招く可能性があります。ちなみに抗菌薬を内服すると悪玉菌と一

緒に善玉菌も攻撃され、腸内細菌のバランスは大きく変動することが明らかになっています。

健康な人間、犬や猫などペットの腸内細菌は、善玉菌が優勢であることが理想的。善玉菌は食物繊維、オリゴ糖、レジスタントスターチなどのエサを食べて、酢酸や酪酸、プロピオン酸という物質を作ります。

またこれらの物質により腸内を酸性にすることで、悪玉菌の増殖を抑えることができ、腸の運動が活発になって肥満や便秘が改善、アレルギーに関しては炎症を止める細胞が活性化するなどの効果も期待できます。

腸内環境を整えるには、腸内細菌を制御することに加えて腸壁をケアすることも大切です。小腸（上皮細胞）の燃料はグルタミンがメインで、大腸の燃料は酪酸（腸内細菌が食物繊維を食べて産生）になります。腸壁を育てる燃料として昆布、かつお節、干ししいたけなどに含まれているグルタミン酸を摂取することで、腸管粘膜や腸壁を丈夫にします。

このように腸にとって最適な食材や乳酸菌を摂取し、腸管内の細菌バランスを良好に保ってこそ、ペットも人間も健康で生き生きできるのです。

腸管内の免疫細胞は健康維持のための警備隊！

腸は犬や猫、そしてほとんどの動物にとって健康の中心的存在です。腸内細菌のバランスが乱れてしまうと、病気になりやすいことも知られています。さらに腸内細菌は、感染防御など重要な役割を担っており、体全体の健康に腸内細菌のバランスが関わっていることは確かです。

腸は病原体と免疫細胞が出合う場所でもあり、健康ならば腸管内には免疫細胞のマクロファージ、T細胞、B細胞、樹状(じゅじょう)細胞など強いパワーを持つ免疫細胞が配備されています。

これらの免疫細胞は、常にほかの免疫細胞と連携して多数の警報を鳴らして腸管の警備にあたっています。そして病原体が侵入してきたならば、即反応して免疫細胞を動員し、総攻撃を仕掛けます。

この炎症誘発性反応とブレーキの役目の抗炎症性反応のバランスで、さまざまな病気やウイルスなどからガードされているのです。

このバランスが崩れてしまうと、無害な敵に対して暴動を起こしたり、逆に敵を制圧しきれずに炎症を招いたりします。そうなると体は不調になってしまい、健康状態の維持ができずに、大きな病気の引き金になってしまうかもしれません。

また腸内細菌の邪魔をする存在の一つが、口腔内細菌。歯周病菌などの口腔内細菌が飲み込まれ、腸管内に入り込むと、腸内細菌のバランスは大きく乱れます。

さらに犬や猫が皮膚を舐めたりしますが、このとき口腔内細菌が皮膚に移動することで、皮膚常在細菌が乱れ、皮膚バリアが破壊されて異物が侵入しやすくなります。

このように犬や猫などのペットも人間も、腸管内だけでなく、口腔内や皮膚のケアを行うことがとても重要なのです。

川野浩志

獣医師、獣医学博士。日本獣医皮膚科学会認定医。
1998年に北里大学卒業。東京大学附属動物医療センター、アメリカ MedVet Medical & Cancer Center 皮膚科、アメリカ Veterinary Speciality Center 皮膚科で研修を行う。2014年に日本獣医皮膚科学会認定医を取得し、2017年に山口大学で獣医学博士学位を取得。現在は東京動物アレルギーセンターセンター長など、複数の動物病院で犬と猫のアレルギー専門診療を行う傍ら、藤田医科大学医学部消化器内科学講座客員講師でもある。アレルギー性皮膚疾患や腸管免疫、細菌療法をターゲットとした臨床研究や、「犬と猫のアレルギー性皮膚疾患に対して対症療法ではなく、統合医療という医療体系で根治療法に挑戦する」という理念に基づきアレルギー専門外来診療を行い、多くの犬猫と飼い主の支持を得ている。

ポイント

大切なペットとできるだけ長くいられるならば、
こんなにハッピーなことはありません。
そのために心がけたいポイントをご紹介します。

Point 1

腸内環境を整えて健康維持につなげる

腸は消化器官ですが、脳と指令を出し合って免疫やホルモンの内分泌や神経系にまで働きます。さらに口腔内や皮膚とも情報を交換し合い「脳腸皮膚口腔内相関」という関係を構築。腸内から良好な情報が発信されると、各部位も健康になります。

Point 2

口腔内の環境を改善する

食べものや唾液を飲み込むときに、細菌やウイルス、歯周病菌による炎症物質なども一緒に流れ込んで、血液を通して病気を誘発することがあります。そうならないためには、口腔内をクリーンで健康な環境に保っておくことが大切になります。

Point 3

病気を早めにチェックする

毛づやや目、鼻、耳など体の外側の状態、そして臭いや食欲、便などまで毎日チェックして、ペットの健康状態を把握しておくこと。少しでもおかしいと感じたら、専門家に相談するようにしましょう。

Point 4

ストレスレスなライフスタイルに

栄養が腸に届いて腸管免疫が正常になると、脳内物質の分泌を促進します。セロトニン、オキシトシンなどの幸せホルモン、ドーパミンやアドレナリンなどのやる気ホルモンが出て、ストレスの緩和、さらに肌や口腔内まで健康にします。

Point 5

乳酸菌を毎日摂取する

腸内環境を整えるには、小腸の腸管免疫を正常化して、大腸の善玉菌を増やして日和見菌を味方につけ、働きを活発にすることがポイント。そのためには乳酸菌やオリゴ糖、水溶性食物繊維などを含む食品を毎日しっかりと与えることが大切です。

乳酸菌パワー❻

乳酸菌を与えることでペットはどんどん健康で元気になっていきます。
その代表的なパワーをご紹介します！

パワー 1

腸内環境を改善し、免疫をよい状態に

パワー 2

口腔内の状態を良好にして、歯周病を改善

パワー 3

血流を促進して心臓病や脳疾患を予防

ペットを生き生きさせる

パワー 4

肌をきれいにして
皮膚病や
毛づやを改善

パワー 5

アレルギー
反応を
出にくくする

パワー 6

ストレスを
緩和して、幸せ
ホルモンを出す

体験談 乳酸菌で生き生き Before & After

CASE 3

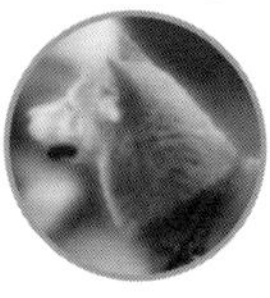

ここあくん

柴犬
性別：オス
体重：5kg
年齢：17歳

涙やけがひどくていろいろと試したのですが、よくなりませんでした。年齢が17歳だから仕方ないのかなと考えていたのですが、SNSでH&J社の乳酸菌を知って連絡したところ、食事や水、服、散歩方法、冷暖房の設定などのアドバイスをもらいました。**それを実行しただけできれいになりました**ので、今では併わせて乳酸菌も飲ませています。

CASE 4

もこくん

パピヨン
性別：オス
体重：5kg
年齢：17歳

脱毛症をよくしたくて飲ませ始めたところ、**今は毛もフサフサになって目のまわりもきれいになりました。**水道水にビタミンを入れるだけでも少し変わってきたのは驚きました。

CASE 1

モコちゃん

トイプードル
性別：メス
体重：6kg
年齢：7歳

病院でもお手上げだった皮膚炎が治りました！何が一番効果があったかは定かではないですが、乳酸菌がないとここまでの効果はなかったと感じています。動物はかゆがると抑えられないので、助かりました。

CASE 2

モカくん

トイプードル
性別：オス
体重：5kg
年齢：15歳

おすすめのドッグフードを教えていただき、ありがとうございます。とても効果を感じています！そのフードに乳酸菌をかけながら与えています。**ウンチの臭いが変わったのと、涙やけも薄くなってきたのもうれしい効果です。**

私の会社の「乳酸菌HJ1株」が配合された商品をペットに与えたところ、
症状が改善したという報告が多数寄せられています。
その一部をご紹介します。

CASE 7

ラテくん

柴犬
性別：**オス**
体重：**7kg**
年齢：**11歳**

外耳炎がひどくて気持ちは荒れるばかり、臭いもきつくて一緒に寝ることもできない状況でした。**乳酸菌を摂取するようになり、今は一緒に眠れます**。さらにアドバイス通りに散歩エリアやトリミング後のシャンプーを変えたところ、効果が実感できました。乳酸菌との相乗効果ですね！

CASE 8

ココアくん

ダックスフンド
性別：**オス**
体重：**5kg**
年齢：**8歳**

腰の骨に痛みがあるようで、病院に行ったところ、乳酸菌をすすめられました。まだ腰は治りませんが、**毛づやはよくなったと感じています**。このまま続けていきます。

CASE 5

レオくん

トイプードル
性別：**オス**
体重：**4kg**
年齢：**12歳**

友人からすすめられて半信半疑で、乳酸菌を与え始めました。最初は便がゆるくなり止めようと考えましたが、中村仁さんに電話して丁寧にわかりやすく教えてもらい、そのお話からもう少し試してみようと継続しました。**結果4カ月後には、見違えるように皮膚や毛づやがきれいになりました**。

CASE 6

シロくん

シーズー
性別：**オス**
体重：**7kg**
年齢：**15歳**

マラセチアと外耳炎があり獣医師に相談すると、乳酸菌をすすめられました。さらに中村仁さんの乳酸菌のYouTubeを拝見して、その効果に納得。今では**マラセチアも外耳炎も治り、毛づやもきれいになっています**。

CASE 11

ぺんくん

フレンチ・ブルドッグ
性別：オス
体重：9kg
年齢：9歳

保護犬で保護したときには皮膚トラブルがひどく、悩んでいたときに動物福祉をされている知人から、「ワンニャンたまごクラブ」の冊子をもらいました。その活動をしている中村仁さんに電話をしたところ、食事と散歩のアドバイスをいただきました。保護をしているということで、ご厚意で乳酸菌は分けてもらいましたが、**3カ月目には見違えるようにきれいになりました**。今では乳酸菌の効果を実感しています。

CASE 12

くろくん

キャバリア
性別：オス
体重：6kg
年齢：10歳

認知症によい乳酸菌があるとすすめられて、飲ませるようになりました。今では**グルグル回ることが減り、2カ月目には毛がふさふさになってきました**。

CASE 9

むぎくん

シーズー
性別：オス
体重：5kg
年齢：5歳

足を脱臼していて飼い手が見つからない子を、保護しました。散歩も頻繁に行けないから毛や皮膚が汚れてきたと思い、H & J社に電話で相談。手作りごはんをすすめられ、さらに乳酸菌を少量ずつ与えたところ**毛の状態が改善しました。脱臼も快方に向かっているようで、歩き方も変わった気がします。**

CASE 10

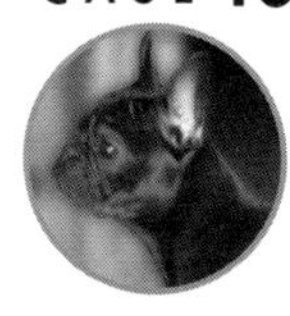

メイちゃん

フレンチ・ブルドッグ
性別：メス
体重：13kg
年齢：12歳

インスタグラムで中村仁さんにマラセチアと外耳炎を相談したところ、食事と飲み水を変えるご提案をいただきました。その後に乳酸菌を飲む方がよいと言われ、**アドバイス通りにしてみると、みるみる改善されました！**

1章

からだを整える乳酸菌の基本

腸内環境を整える最善策を考えるときに、
一番多く耳にするワードといえば乳酸菌です。
そんな健康パワーが強い乳酸菌の基本を知りましょう。

わたしの大切な家族
ニャンチーとONE(ワン)チャン
ずっと健康で長生きしてほしいな

そういえば犬や猫の身体ってどうなってるんだろう?
ニャ

犬や猫たちの身体も人間たちと同じさ!
うわぁ!誰!?

僕は乳酸菌丸!
みんなの健康をサポートしているんだ
ヘェ〜

ところで犬や猫たちと人間の身体が同じってどういうこと?
?

口から肛門まで1本道みたいにつながっていて
腸が免疫の7割を担っているよ!
だから犬や猫たちにとっても腸はすごく大切なんだ

小腸は
腸管免疫を
担い
大腸は
体質
（腸内細菌）を
担っている
乳酸

だから
動物たちも
腸を整えると
あらゆる
不調や
悩みが解決
できるよ！
乳酸菌

だったら
ペットたちの
腸活もして
いかないと！

その腸活に
ぴったりなのが
乳酸菌さ！
次ページから
説明するね！

知っているようで知らない……乳酸菌ってどんなもの？

ヨーグルトや乳酸菌飲料のパッケージなどでよく目にする「乳酸菌」というワード。乳酸菌は健康状態が良好な人間の腸内には、腸内細菌が約1000種類もあり、トータルすると100兆～1000兆個も存在するといわれています。

腸内細菌は大きくは「善玉菌」「悪玉菌」「日和見菌」の3つに分けられます。この中で善玉菌が増えて悪玉菌が減れば健康になるかというと、そうではありません。3つの菌のパワーバランスが重要で、バランスがうまく取れてこそ健康な腸内環境がキープできるのです。

善玉菌である乳酸菌は強力な抗酸化酵素を持ち、腸内の健康を保ちます。そして免疫を高めたり、体外から入って来る悪い細菌やウイルスと戦ってくれたりもします。

一方で「悪玉菌」で有名なのが、食中毒の原因になる「大腸菌（有毒株）」や「黄色ブドウ球菌」「ウェルシュ菌」「ETBF菌」など。「悪玉菌」は増えすぎると、タンパク質を腐敗させて毒素が発生し、病気の一因になります。でも「悪玉菌」にも、体のための役割があるのです。

そして腸内細菌の大多数を占めるのが「日和見菌」です。「連鎖球菌」「バクテロイデス菌」「大腸菌（無毒株）」などがあり、善玉菌と悪玉菌のパワーバランスを見て、優勢なほうの味方をします。この「日和見菌」こそが、腸内と全身の健康維持に大切な存在といえます。

\ 腸活memo /

善玉菌は「ビフィズス菌」と「乳酸菌」が有名。その乳酸菌には「アシドフィルス菌」、「フェカリス菌」、「プランタラム菌」などがあるよ

乳酸菌はからだの中でどんな働きをするのかな？

腸内細菌の理想的なバランスは善玉菌2：悪玉菌1：日和見菌7。この3つの菌は、それぞれに存在を高めようと体内で絶えず勢力争いをしています。この菌の力関係が、体の状態を握っているのです。

腸内環境が整うと腸を含む腸管が元気になって「腸管免疫」が高まり、腸内細菌と腸の免疫細胞が病原菌やウイルスから体を守ります。免疫を高めることは腸が人の体に与える一番の効能で、これにより健康になって生命力が高まります。

腸内環境を整えるには腸内の善玉菌を増やして日和見菌を仲間にし、働きを活発にすることです。そこで善玉菌、つまり善玉菌のエサとなる栄養素をたっぷりと摂るようにしましょう。善玉菌のエサとなる栄養素はオリゴ糖や食物繊維などですが、とくに乳酸菌やオリゴ糖が豊富な食品は効果的です。これらが腸内の善玉菌の働きを助け、腸内環境を改善しながら細胞の回復も行ってくれます。乳酸菌の多い食品といえばヨーグルトが頭に浮かぶかもしれませんが、日本人の腸には納豆やぬか漬け、みそなど日本古来の食品がおすすめです。

腸は「第二の脳」といわれる複雑で重要な臓器です。とくに免疫器官がある臓器でもあり、全身の免疫細胞への指令を出しています。つまり乳酸菌などで整った腸内から出される指令が、免疫細胞に伝わって免疫が正常化されるとともに高まり、健康の維持につながるのです。

腸活memo

免疫には細菌やウイルスから自己防衛して攻撃する「自然免疫」、再度同じ菌にかからないよう記憶する「獲得免疫」があるんだ

ペットも人間も摂取するのは死んだ乳酸菌ならばOK！

犬や猫などの動物と人間が体に摂り入れる乳酸菌は、ほとんど同じで問題ありません。ほとんどというのは人間が食べる乳酸菌食品の中には、塩分や糖分を多く含む食物があるからで、犬や猫などの動物には塩分や糖分が入っていない乳酸菌食品を選ぶケースもあります。その点では乳酸菌が効率よく摂れるサプリメントなども、乳酸菌以外の成分がよいものでないと安心とはいえません。

本当によいものならば人間が乳酸菌で改善したと感じる点が、犬や猫などのペットにも出てくるはずです。口腔内のトラブルが改善された、人間であれば肌や髪ですが、動物であれば皮膚病や毛づやがよくなった、便の状態が良好になったなどです。

そもそも犬や猫などの動物と人間の、消化管は同じ構造です。腸を含む消化管は腸管と呼ばれ、口腔から食道、胃、小腸、大腸、肛門と続いていて、曲がった部位を伸ばせば、ちくわのような1本の筒状になります。筒は二足歩行の人間であれば縦に、四足歩行の犬や猫であれば横になるだけです。ここでの腸は十二指腸から肛門までのことで、医学上は小腸と大腸に分けて考えます。口から肛門までは体外で、体に吸収されてはじめて体内となるのです。

そして体内に入った乳酸菌の効果で正常な免疫細胞の栄養になると、脳や口、皮膚などに指令を送って、腸から遠く離れた部位の免疫細胞まで元気にします。この相関関係を「脳腸皮膚口腔内相関」と呼びます。

＼腸活memo／

ちくわで考えると口から肛門までの穴の部分が体外、まわりのすり身の部分が体内。体外の口→食道→胃などを通りながら栄養素が消化吸収をくり返し、体内の入り口の小腸や大腸へとつながっていく！

もっと知りたい 乳酸菌Q&A

長年、乳酸菌の研究に力を注いできたH&J社の中村仁さんが、
多くの人が知りたいと思っている、乳酸菌の疑問にお答えします。

Q 摂取しないほうがよい食品ってありますか

中には乳酸菌の効能が期待できないものもあります。糖分にオリゴ糖を使えば善玉菌のエサとなり、腸内環境を整えてくれます。一方で果糖ブドウ糖液糖は異性化酵素や乳糖で、悪玉菌の大好物。これは食後の短時間に血糖値を急上昇させ、血管にダメージを与える血糖値スパイクを誘発します。アスパルテームなどの人工甘味料も同様です。人気の飲む機能性ヨーグルトにも、人工甘味料や多量の砂糖などが使われている場合が、少なくありません。

Q 乳酸菌であれば、どの菌でもOKですか

過敏性腸症候群（ＩＢＳ）、小腸内細菌増殖症（ＳＩＢＯ）、潰瘍性大腸炎、クローン病などは、安易に腸活をすると健康を損なうことがあります。その場合でも加熱菌体の乳酸菌、つまり死んだ乳酸菌であれば摂取しても問題ない可能性が高いです。

Q 安心安全な乳酸菌の目安はありますか

乳酸菌を毎日摂取するには、「乳酸菌ＨＪ１株」などのサプリメントが手軽です。ですが日本ではサプリメントは健康食品に位置づけられていて、基準がありません。安全なサプリメントであるかを見極めるには、『ＧＭＰ認証』の工場で製造された製品を選ぶこと。ＧＭＰ認証とは、厚生労働省の支援を受けた第三者認証制度のもとで運営されている『公益財団法人　日本健康・栄養食品協会』による認証事業のことです。原料の受け入れから最終製品の出荷に至るまでの全工程に「適正な製造管理と厳密な品質管理」を求め、認められた工場にのみ与えられます。また乳酸菌を選ぶときに重要となるのは活性化テスト。乳酸菌を製品化するためには培養して増やす必要があり、培養が終わった時点で乳酸菌が変化していないか検査します。生菌、死菌、乳酸菌産生物質のどれでも、菌が主となる製品においてこの検査は必須です。必ず活性化テストを実施した乳酸菌こそ信頼できるものといえます。

＊活性化テストを行っている企業は、その内容を公表している場合があるため、ホームページなどで安全性が公表されているところが安心です。

2章

ペットの腸内は乳酸菌で快腸にできる

大切な愛すべき存在のペットたち。
腸内環境が整ってくると健康を得られるだけでなく、
メンタルまで落ち着く理由を探ります。

なぜかしら…
乳酸菌を入れ始めてから

ニャンチーとONE（ワン）チャンがすごく元気になったわ…

腸が整うと色んなメリットがあるからね！
ズイッ
わぁ！乳酸菌丸！

メリットって？
「脳腸皮膚口腔内相関」という言葉があるのを知ってる？
乳酸

脳腸皮膚口腔内相関（のうちょう ひふ こうくうない そうかん）
身体の免疫の7割を担っている腸管免疫が
脳に影響を及ぼすだけでなく
皮膚や口腔内にも影響を及ぼしているということなんだ
7割
乳酸

特に小腸は
腸管免疫を
担うだけ
ではなく
身体全体の
幸福ホルモン生成の
9割に関わっていると
言われている
9割
免疫

だから
乳酸菌を取り入れる
ことで
犬や猫たちも
元気になって
いくんだ！

そして
そんな元気な
家族と過ごす
最高の時間…
乳酸菌を取り入れて
ぜひ飼い主さんも一緒に
笑顔になってください
酸菌

気になるペットの腸内環境事情

ペットの健康状態は最近さまざまな問題が叫ばれていて、原因の多くは免疫低下と免疫異常といわれています。その免疫の7割を担っているのが、腸なのです。

腸の働きですが、大腸は体質、小腸は免疫と考えられています。大腸には腸内細菌が多く存在していて、体質に大きく関わります。一方で小腸には腸管免疫をコントロールする役割があります。

この小腸の免疫をサポートする食品や栄養素は多々ありますが、中でも注目したいのが乳酸菌です。この乳酸菌が免疫細胞の栄養素となり、正常化することでさまざまな問題が改善されていきます。

乳酸菌の作用は免疫細胞を所持している生物すべてに影響し、人間だけではなく、犬や猫、うさぎや鳥類、ネズミや爬虫類など多くの生物に当てはまります。その生物たちの免疫をコントロールする部位が、小腸となります。そう考えるだけでも免疫×小腸というのは、健康と切っても切れない関係にあることがわかります。

また「脳腸皮膚口腔内相関」といわれているように、腸管免疫が脳や精神面にも影響を及ぼし、さらには口腔内や皮膚にまで影響を及ぼしていくことも、今や常識に近くなってきました。

この免疫の栄養素を効果的に摂取するには、乳酸菌が最適。より上質な乳酸菌を小腸に送り込めば、腸管免疫のコントロールが良好になるというわけです。

良好な腸内環境が脳や口腔内、毛づやまで整える

腸管免疫が低下すると、口内炎や感染症などが起きやすくなります。さらに便秘になって腸内環境が悪化し、全身の代謝が円滑でなくなって血流も滞ります。結果として、肌荒れや皮膚病、毛づやなどのトラブルも出やすくなります。

これを予防するには小腸ならば乳酸菌、大腸ならばオリゴ糖を摂ること。腸内を健康に保ちつつ、善玉菌や日和見菌を増やすことがポイントになります。環境が良好になった腸が、脳はもちろん口腔内、皮膚とも情報を交換して影響を与え合うという働きが、「脳腸皮膚口腔相関」といわれています。この腸の働きによって口腔内や皮膚などのトラブルが改善され、健康できれいな状態を維持できます。

しかしよく耳にする「生きて腸に届く乳酸菌」というワードは、誤解を招く恐れがあります。なぜならばほとんどの乳酸菌は胃や小腸の消化酵素に弱く、約9割が大腸

に届く前に死んでしまうからです。生きたまま腸にたどり着く強靭な乳酸菌もいるにはいますが、腸の中に長く存在することは困難で、3日から1週間もすると便として体外に排泄されてしまいます。これは生きている乳酸菌は腸内にいる細菌たちにとっては部外者であり、免疫細胞によって大部分が追い出されてしまうためです。

そうなると最初から死んだ乳酸菌を摂取したほうが、効率的ということになります。そこで最近では乳酸菌メーカーでも「生きた乳酸菌」ではなく、「死んだ乳酸菌」を摂取する効果や製品開発などの研究を行うことが盛んになってきています。

＼腸活memo／

「生きて腸に届く乳酸菌」説は、100年前にロシアの微生物学者のメチニコフが唱えた「乳酸菌が豊富なヨーグルトを摂ると、腸内環境が改善される」という仮説が元ネタ！

腸が整ってくると病気のリスクも軽減する！

人間も犬や猫などのペットも、乳酸菌、オリゴ糖や水溶性食物繊維の多い食品を多く摂ると、腸内の善玉菌が増えて腸内環境が整います。同時に腸管免疫も高まるので、腸内細菌と免疫細胞が、病原菌やウイルスから体を守ってくれます。

乳酸菌のほとんどは生きたまま腸に入り、小腸の消化酵素で死滅して吸収され、免疫細胞の栄養となります。ここで吸収されずにわずかに生き残った乳酸菌は、大腸の腸内細菌と相性がよければ、大腸を通過するときに好影響を与えます。

また最近では、乳酸菌が作り出す乳酸菌産生物質（乳酸菌生成エキス）という言葉をよく耳にします。乳酸菌産生物質は体を守って大腸内の環境を整えるので、腸内によい影響を与える強い味方になります。

とくに乳酸菌産生物質に含まれる短鎖脂肪酸は、善玉菌がオリゴ糖や水溶性食物繊維をエサとして摂取すると産出されます。このため腸内細菌とともに、自身の体や腸内への効果は大きくなります。ではどのような短鎖脂肪酸がよいかというと、人工的に作られるサプリメントのような短鎖脂肪酸を摂るより、腸内細菌が生み出す短鎖脂肪酸のほうが、体には効果的に働きます。

さらに加熱により殺菌された死菌であれば、異物と判断されないので、小腸の腸内細菌に追い出されにくく、免疫細胞にまでたどり着けます。そのため免疫の7割があるとされる小腸の腸管免疫には、乳酸菌の加熱菌体である死菌の活用がおすすめです。

＼腸活memo／

代用的な短鎖脂肪酸に含まれる食品をご紹介。

●酪酸：米ぬか、干し柿、蜂蜜など

●酢酸：玄米、海藻など

●プロピオン酸：チーズ、しょうゆ、みそなど

乳酸菌にはメンタルケア、ストレス減少効果も期待できる

腸は消化器官、そして免疫やホルモンの内分泌を促す器官として知られています。しかしそれだけではなく、神経系にまで働きかけています。腸の神経系への働きは神経細胞があるためで、腸は脳と同じように入ってきた情報を処理し、伝達します。その数は驚くことに脳や脊髄に次ぐ多さで、さまざまな種類の神経細胞が存在します。

この腸の神経細胞は腸内の広い範囲にあり、「腸管神経系」という独自の神経ネットワークを持っています。ここで感知した情報を処理して脳へ伝達すると、脳と腸は情報交換を行います。その情報量は、腸から脳へ伝達されるほうが多いとされています。この関係が「脳腸相関」と呼ばれるものです。

腸には幸福感ホルモンといわれるオキシトシンの生成、脳内の神経伝達物質のひと

つであるセロトニンの分泌を高める働き、やる気をアップさせるドーパミンなどを生み出すなどの仕事もしています。これらを腸から脳に発信するので、腸内環境が健全ならば、精神的な安堵感を得やすいということになります。

逆に脳がストレスを感じたり、皮膚のバリアゾーンが崩れてしまったり、口腔内の細菌バランスが乱れたりすると、腸はダメージを受けてしまいます。

腸内環境をよくするには、ストレスを溜めない生活を送り、不眠、不安感などのメンタルの不調を緩和することも大切です。

\腸活memo/

セロトニン分泌の9割を小腸が担っているとか。犬の恐怖症や音響シャイ、猫であればパニック障害などはセロトニンが減少している可能性大！

うんちでわかる ペットの腸内環境

健康維持で重要なポジションにある大腸や小腸。
その健康状態が気になるところですが、
確認するのは専門医でもない限りなかなかむずかしいものです。
自分で確認するには便の状態をチェックするのが一番の方法。
毎日ペットの便を確認し、少しでもおかしいと感じたら
専門家に相談をおすすめします。

犬と猫のうんちチェック

ここでは、ペットの便で注意すべきチェック項目を
選んでみました！

- □ 排便回数が多い
- □ 数日排泄していない
- □ 便がゆるく量が多い
- □ ゼリー状の粘液しか出ない
- □ 便の色が黒くて生ぐさい
- □ 便が硬く、つかみやすい
- □ 鮮血が混じる
- □ 肛門が盛り上がっている
- □ 便に虫がいた

3章

ペットに多い疾患は乳酸菌で予防できる

ここでは犬や猫がかかりやすい病気と、
そのリスクを軽減するために役立つ
乳酸菌の効果の大切さをご紹介します。

ジャ――
TOILET
はぁ…

あぁ〜最近便秘気味だわ
生活習慣を改善しないと
生活習慣病になっちゃう…

…。
スヤスヤ

そういえば動物たちの生活習慣病ってどんなものがあるんだろう?

ペットの病気ランキング!?
ペットの健康寿命を延け
これに注意！
ペットの病気ランキン

え!?うそ!?

これって人間と同じ…？
1位　がん
2位　心臓病
3位　腎不全

そうなんだよ…
うわぁっ

これらの病気の原因は
・免疫関連
・ペットフード
・生活環境
・歯周病
・遺伝
・皮膚トラブル
などが挙げられるんだ
えぇー！こんなに!?
Shampoo
Food
乳酸菌

一体どうしたら…
大丈夫！

腸内を改善することでペットたちの健康を守ることができるよ！

ペット疾病ランキング

ペット長く一緒にいる暮らすためにも、
罹りやすい病気を知っておきましょう!

5大死亡原因

- 心臓病
- 腎不全［アジソン病・クッシング症候群・尿路結石含む］
- 肝臓疾患・肝臓病
- てんかん
- がん

犬や猫に多い死亡原因は1位がん、2位心臓病、3位腎不全、4位てんかん、5位血液汚染の順になります。以下、6位胃拡張胃捻転、7位糖尿病が原因の免疫異常や免疫低下、8位腎臓の不調からくるアジソン病、9位はクッシング症候群、10位に突然死と続きます。いかがですが。ひと目見るだけでも、人間がかかる病気とほぼ変わりがないことがわかります。

原因はペットフードによるもの以外は、遺伝や免疫関連、口腔内の細菌などによる歯周病や誘発される血行障害、生活環境などで、人間が不摂生から発症する病気と変わりません。

しかし犬や猫などペットの不調は、ちょっとの変化でも飼い主が注意して観察してあげることで、ケアができます。

高齢で増える通院

2013年ころにピークを迎えたペットブーム。その犬や猫たちは現在10歳を越えて高齢に達し、ペットの世界でも高齢化現象が起きています。

その結果としてプレミアムペットフードや動物用サプリメント、素材にこだわった着脱しやすく心地よい衣服など、高齢のペットのためのさまざまな商品が増えています。ペット頭数は横ばいにもかかわらず、ペット市場の売り上げは拡大しているのです。

高齢になれば当然、病気や外科的な障害も出てくることになります。そのための通院に始まり、状況によっては入院や手術をする事態になってしまいます。人間と違って健康保険がきかないペットの医療費は、結構高額になります。

飼い主の高齢化も問題で、ペットの犬や猫の老々生活を負担でなく癒しとするには、まわりの人たちのサポートが欠かせなくなりそうです。

心臓病

初期段階では無症状。重症化してから発覚することが多い！

ペットの高齢化に伴い犬や猫の心臓病が非常に増えています。目立った症状がなくても心臓病になっている場合も多く、気付かずに病気を進行させてしまうこともあります。病気はもちろん早期に見つけて治療してあげたほうが長生きできます。

心臓病の原因の一つが、血液の汚染とそれによる免疫低下です。免疫細胞には「マクロファージ」というものがあり、別名「貪食（どんしょく）細胞」ともいわれて、不要なものを食べ尽くしていきます。

血液が汚れる原因としては、粗悪な食事や歯周病などにより腸内環境が悪化することでマクロファージが異常または低下を引き起こし、不要なものを食べてくれなくなってしまうことです。それに伴い血管も詰まって心臓病の一因になります。

乳酸菌はこのマクロファージの栄養素にもなるので、積極的に摂取すると血液の汚染を防ぐことにつながります。

犬の心臓病でもっとも多いのが、「僧帽弁閉鎖不全症」です。左心房と左心室の間にある僧帽弁は、健康な状態であれば左心房→左心室→大動脈へと血液が一定の方向に流れるように働きます。

しかし僧帽弁閉鎖不全症になるとこの弁が完全に閉じず、血液の一部が逆流してしまって心拡大が起こります。進行すると肺水腫や呼吸困難となり死亡してしまいます。

猫に多い心臓病の「心筋症」は心臓の筋肉に異常を引き起こす病気。心臓は全身に血液を送り出すポンプの役目をしていますが、心臓の働きが悪くなると、血液をスムーズに送り出せなくなります。発症理由は遺伝的な要因、自己免疫疾患、ウイルス感染症などが考えられます。

健康アドバイス

日々の小さな変化を、飼い主は見ておいて。見守ってもらえると安心するよ！

腎不全

毎日の注意深い尿チェックが腎臓病早期発見のポイント

犬や猫の腎臓病は、大きく分けて「急性腎臓病」と「慢性腎臓病」があります。急性腎臓病は急激に腎臓が働かなくなりますが、治療によって原因が改善されれば、腎臓の機能が回復することがあります。一方で慢性腎臓病はゆっくりと進行し、治療をしても腎臓の機能は戻りません。

慢性腎臓病は、進行すると腎不全へとつながります。腎不全の一番の原因は、粗悪なペットフードによる血液汚染と考えられています。

猫に多い腎疾患は尿道閉塞で、その原因は膀胱や尿道の炎症により出てきた膿や粘液、結晶尿からの結晶などがかたまった「尿道栓子（にょうどうせんし）」が栓となり尿道を塞ぐことです。ほかに結石や腫瘍、尿道炎により尿道が狭くなることなども一因として挙げられます。

また猫は、ストレスを感じると尿を我慢してしまう場合があります。ストレスの原因は引っ越しや家族構成といった環境の変化や来客、騒音などが考えられます。

いずれも腎疾患は炎症が原因といわれ、これには免疫の異常が関係してきます。そのためにも免疫の正常化、強化を同時にまかなえる乳酸菌加熱菌体、とくに結合しにくい状態の乳酸菌を摂取すると効果が期待できます。

アジソン病

正式な病名は「副腎皮質機能低下症」。自己免疫による副腎の萎縮、副腎のホルモン異常が原因。命に関わる病気ながら、症状が特徴的で発見が困難です。

クッシング症候群

別名を「副腎皮質機能亢進症」といい、副腎皮質のホルモン分泌が過剰になることで発症します。やはり免疫異常と粗悪なペットフードが原因と考えられます。

尿路結石

尿路に石ができ、血尿や頻尿、排尿困難などの症状を出てきます。アンバランスな食事や飲水量、ストレス、細菌感染、肝機能低下などが原因と考えられます。

肝臓疾患・肝臓病

体に必要な物質の合成、排泄、分解・再生などを肝臓は担う

肝臓は栄養素の分解、合成、貯蔵を行い、さらに体内の毒素を分解して無毒化したりするなど、いくつもの重要な働きをする器官です。肝臓に異常が発生すると、本来の仕事ができなくなって肝臓疾患や肝臓病を発症し、栄養障害や解毒機能の低下などが起こり、体のあちこちに支障をきたします。

肝臓の異常は大抵は血液検査によってわかりますが、肝臓疾患や肝臓病の初期であれば、食欲がなくなる、体重が落ちる、元気がなくなる、白目や歯茎に黄疸などの症状があらわれます。

肝臓疾患や肝臓病にはウイルス、細菌、真菌、原虫、寄生虫に感染することによって起こる慢性肝炎、それが進行して起こる肝硬変などがあります。肝硬変になると慢性的な肝臓の炎症により、線維組織が増殖してやがて肝臓が硬く変質してしまいます。

さらに腫瘍によるがんなどの原因にもなります。肝臓疾患や肝臓病の多くは、原因を特定することは困難です。

犬特有の肝臓疾患には、「門脈シャント」というものがあります。食事で摂取したタンパク質は、体内で代謝されてアンモニアなどの毒素を作ります。その毒素は腸管から吸収され門脈と呼ばれる血管を通って、肝臓に運ばれ無毒化されます。しかし門脈シャントとは、この門脈と全身の静脈の間に余分な血管（シャント血管）が存在する状態。そのため毒素や有害物質が処理されないまま、直接全身を巡ってしまいます。

猫の肝臓疾患の「肝リピドーシス」は脂肪肝とも呼ばれる病気で、脂肪が過剰に肝臓に集まってしまうことが原因で起こります。

健康アドバイス

肝臓病には肝臓に負担をかけない食事を与えること。「タンパク質・脂質・炭水化物」をバランスよく摂り、乳酸菌も併せて摂取が◎！

てんかん

一回の発作が長く、頻度が高いほどこのリスクは高まります

てんかんは脳の異常な興奮から、発作的にくり返される身体のけいれんや手足をひきつらせたり、泡をふいて倒れたり、意識障害を引き起こすなどを主な症状とする脳疾患です。

通常は脳の神経細胞は情報を伝える役割を持ち、情報を伝える→興奮する→休むということを細かくくり返しています。このバランスが崩れてしまい、情報を伝えようと興奮している状態だけが続いてしまうのがてんかんです。休めない神経細胞に酸素やエネルギー不足、排除すべき物質の蓄積が起こり、ダメージとなってしまいます。最悪の場合、脳が損傷を受けて、死にいたることもあります。

また免疫が異常を起こし、脳内で戦いが始まって発生する炎症から、てんかんが起きるともいわれています。この免疫異常は、発作を抑える内服薬による治療が主ですが、異常を起こした免疫の正常化には乳酸菌が有効で、これが免疫細胞の栄養素となり免疫細胞を整えます。

その場合に必要な乳酸菌の必要量は50キログラムの体重ならば約5000億個、5キログラムならば約500億個といわれています。膨大な量ですが、私が発見した「乳酸菌HJ1株」であれば、その1／3～1／5の量で同等の効果を期待できます。

健康アドバイス

てんかんは気象病の一つとする説もあり、低気圧に変化するときや暖かい季節に発生頻度が高まるという報告もあるよ

死亡原因 5

がん

がん細胞を攻撃してくれる免疫細胞を乳酸菌がサポート！

犬や猫の死亡原因の1位はがんで、人間と同じように多くのペットが病気と闘っています。がんの原因はいろいろとありますが、がん細胞を攻撃してくれる免疫細胞が弱ってしまう免疫低下が一因であると考えられています。

反対に免疫細胞が活性化されると、簡単にはがん細胞は増殖できなくなります。ただし免疫が強化されても、免疫が異常を起こしている場合はがん細胞ではなく、正常な細胞を攻撃してしまうので、まずは免疫を正常化させて強化させる必要があります。

その正常化と強化に、強い味方となってくれるのが乳酸菌です。乳酸菌のどの部分がよいかというと、もっとも有効なものは乳酸菌の細胞壁。細胞壁が免疫細胞の栄養素になるので、乳酸菌は生きていても死んでいても、乳酸菌の細胞壁を体内に摂り込むことが重要なわけです。白米と玄米を比べたときに、玄米の殻のほうが栄養素が高いという状態が、乳酸菌でもいえます。

もちろん生きている乳酸菌も効果はありますが、生きたまま腸まで届いても小腸の消化酵素で死滅します。その死滅した乳酸菌が、免疫細胞の栄養素になります。乳酸菌の中でも、死滅せずに生きたまま大腸まで届くものがあり、通過菌として整腸作用を促します。

そう考えると乳酸菌を最初から加熱して死滅させた加熱菌のほうが、量を多くしかも効率よく摂取できることになります。浴槽いっぱいのヨーグルトでも、加熱菌体にすると1gにも満たない状態になってしまうことを頭に浮かべれば、わかりやすいと思います。加熱菌体にして乳酸菌の細胞壁のみを取り出すことで、大量の乳酸菌が摂取可能になるのです。

健康アドバイス

生きた菌の侵入は、感染と同じ構造だよ。生きた乳酸菌も唾液、胃酸、胆汁酸、膵液、消化酵素などで攻撃され死滅してしまうんだ

手術が多い

胃腸炎

免疫力と口腔内が正常でないと胃腸炎を発症しやすい！

胃腸炎では、胃や腸の粘膜に炎症が起き、嘔吐や下痢などの症状が見られます。人間同様、犬や猫にも比較的よく発症する病気です。

すでに腸が免疫の7割以上を担っていることはお伝えしてきましたが、その腸が乱れることは全身の免疫機能に影響を及ぼすことになります。また胃が弱っていれば、胃酸でタンパク質などを分解することができないため、腸の負担が増します。

これは口腔内も同様で、口腔内が弱っていれば分解されずに胃まで届き、胃の負担が増大。すると胃の働きは弱まってしまい、腸に影響してしまいます。つまり胃腸炎は口腔内や胃の状態で、腸に影響が出るとも考えられるのです。

また胃腸炎になる原因には、食べ慣れないものや新鮮でないもの、脂肪分が多い食事、ストレス、細菌やウイルス・寄生虫などの感染症、薬物の影響、異物を飲み込むなどの要因が含まれます。

急性胃腸炎の場合は、軽症であれば自然に治っていくことがほとんど。症状が続く場合は、消化管の負担を取り除くために、低脂肪で消化しやすい食事を少量ずつ与えるようにします。さらに乳酸菌を加えると、より有効です。

また胃拡張胃捻転の原因は、食後の過度な運動や体が拒否する食事や環境。この場はペットフードや生活習慣が関係大です。

猫は毛玉に要注意！

猫の場合は毛玉を飲み込んでしまう、毛球症が原因の場合も。防ぐにはこまめにブラッシング＋毛玉を排出しやすい食事を与えることがポイントです。

毛玉から胃腸炎になることもあるなんてびっくり！

手術が多い

腹膜炎・膀胱炎

細菌やウイルスなどに感染しないよう、免疫強化が特効薬

腹膜はお腹の中にある半透明の薄い膜で、細い血管が網の目状に走っています。胃や肝臓、腸などの内臓を包む袋のような構造で、内臓を保護しながら位置を固定する役割があります。腹膜は生体膜として浸出、漏出、分泌などの働きをします。

お腹の中には漿液（しょうえき）（細胞から分泌される薄黄色で透明な液体）と呼ばれる液体が少量あり、マクロファージなどの免疫細胞が含まれていて、潤滑油的な作用をしながら、感染時には防御機構としても力を発揮します。

「腹膜炎」はお腹の内側の炎症を起こしている状態で、年齢に関係なく発症します。原因としては、細菌やウイルスなどの病原体による感染性、病原体が関与しない非感染性があり、感染性の腹膜炎は死亡率が高くなります。

犬や猫の腹膜炎は原因となる疾患や外傷により発生することが多く、元気がないだ

けの場合もあれば、敗血症性ショックという死に近い状態になる場合もあります。

猫伝染性腹膜炎（FIP）は、別名「猫コロナウイルス感染症」。1歳未満で発症し、数日〜1カ月以内に亡くなることも多い致死性の高い疾患です。

体の中でおしっこを溜める膀胱に炎症が起きるのが、「膀胱炎」。膀胱炎はくり返しやすく、尿道閉塞という命に関わる状態になってしまうこともあります。症状は血尿、頻尿、トイレ以外でも尿を漏らすなどです。膀胱炎の原因はストレス、尿路結石や結晶、細菌感染などが考えられます。

腹膜炎、膀胱炎ともに原因の一つに考えられるのが、免疫の低下と粗悪なペットフードを食べていること。どちらも乳酸菌を積極的に摂取するなどして、免疫を強化できれば快方に向かいます。

健康アドバイス

お腹が膨れている、背中を丸めて痛そうにしている、歯茎や目の結膜などが白っぽいなどの症状があれば、腹膜炎のサインかも

猫エイズ

免疫の強化と正常化が一番の特効薬といえます！

猫エイズの原因は、猫免疫不全ウイルスへの感染。免疫力が徐々に低下して、発熱や血液系トラブル、口内炎やリンパ節腫瘍など、さまざまな症状を併発し、最終的には後天的免疫不全症候群、いわゆる「エイズ」を発症し確実に死に至ります。根本的な治療法は見つかっていませんが、中には感染後に潜伏する無症状の期間があり、そのまま発症しない猫もいます。

感染経路の多くは、猫免疫不全ウイルスに感染した「キャリア猫」とのケンカ。そのときの咬傷で、キャリア猫の唾液中に含まれるウイルスが傷口から侵入することで感染します。ほかにも交尾による経分泌液による異性間の感染、母猫から子猫へ胎盤やお乳からの母子感染などもあります。猫エイズウイルスはネコ科以外には感染しないので、人や犬へ移ることはありません。

予防対策としては、猫を完全室内飼育で外猫との接触を避けることがもっとも有力。公表されている調査によると、野外を自由に行き来する猫の感染率は、完全室内猫と比べて15〜30%と高いことがわかっています。またオス猫は縄張り争いによるケンカで感染する場合が多く、メス猫に比べ感染猫の割合が2倍以上になります。

キャリア猫であっても、外見に症状があらわれない無症候性キャリア一期のステージの場合、見た目は健康な猫と変わりません。

猫エイズで免疫不全になる前に、体の免疫を強化しておく必要があります。感染して発症させないためには生活習慣が大切で、発症前であれば粗悪なペットフードを避け、上質な乳酸菌を摂り入れることが得策になります。

健康アドバイス

猫を保護するときは、必ずエイズのウイルス検査を行ってね。そして、できれば完全室内飼育に切り替えること！

猫白血病

猫白血病ウイルスの感染は接触感染から！

猫白血病ウイルスに感染すると、免疫不全、リンパ腫や白血病、血液がうまく作られないなどの病気を引き起こします。年齢により感染のしやすさが変わり、1～6歳の比較的若く屋外に出る猫が圧倒的に多く発症します。感染した猫の多くは、免疫機能が低下して普通ではかからないような感染症にかかりやすくなります。

猫白血病ウイルスの感染経路は接触感染。毛づくろいやほかの猫と一緒に食事をするときに、唾液や鼻水の中に含まれるウイルスが体内に侵入して感染します。ウイルスは口や喉の粘膜で増殖→赤血球や白血球などの骨髄細胞に感染→増殖して全身に広がるといった経緯をたどります。母猫の胎盤からお腹の中の猫に感染する経胎盤感染、母乳から感染する経乳汁感染、さらに性交により感染する場合もあります。さらに目にリンパ腫ができると目が大きくなったり、濁ったりすることがあります。

また免疫機能が著しく低下すると口内炎や歯肉炎がひどくなり、普通は無害な細菌やカビなどから、皮膚炎や肺炎などの症状が起こることも。

今のところ、猫白血病ウイルス感染の有効な治療法はありません。でも圧倒的に屋外飼育している猫に感染が多いので、室内飼育が最良の予防法といえます。そして猫白血病ウイルスに感染している猫と、接触させないようにすることです。

いずれにしても免疫力を高めて体を強くし、感染しても発症させない生活習慣が大事です。発症した場合、運動や睡眠、住環境や水回り、まわりの動物との関係などを、徹底して見直して改める必要があります。発症前であれば粗悪なペットフードを止めて食事を改善しつつ、上質な乳酸菌を摂り入れるようにし、免疫の強化を図ります。

健康アドバイス

発症前ならば粗悪なペットフードを止めて、まずは食事を改善。そして上質な乳酸菌を摂って、免疫強化することが大事

まだまだある 気になるこの症状

犬や猫がかかりやすい病気を3章でご紹介しましたが、
人間と同様に気にかけておいたほうがよい疾患があります。
どの病気も、乳酸菌で腸管免疫を正常にすることが効果的です。

猫

甲状腺機能亢進症

別名バセドウ病。甲状腺ホルモンが過剰に出る病気で、免疫異常やペットフードの油が大きな原因となります。脂質代謝でエネルギーが低下すると、甲状腺の機能まで低下します。

ウイルス性呼吸器感染

上気道、下気道、肺で形成されている呼吸器は、空気の出入りがあります。同時にウイルスや細菌の侵入経路でもあり、肺炎などの疾患を誘発します。治癒には免疫の強化と正常化が有効です。

犬

フローリングで家の床がすべりやすいと、骨折や脱臼の原因になります。加えて粗悪なフードを食べさせていると、骨折の可能性が上がっていきます。また筋肉の低下により、骨を支える力が弱まることも原因の一つです。

糖尿病

糖尿病はペットにも増えていて、原因は免疫異常、免疫低下、粗悪な食事、質の悪い糖と油脂など。高血糖は腸内の悪玉菌の好む環境で、血流を滞らせ、体内の組織が酸素不足になっています。そのため免疫細胞の機能が不十分となり、殺菌能力が低下し、病原体が増えやすくなります。血糖値を下げて、病原体を減少させることができるよう、腸管免疫を強化することが必要です。

免疫異常

体内に細菌やウイルスなどの異物が侵入してくると、病気にならないように体を守る免疫機能が備わっています。この免疫機能が働かなくなる、免疫不全や自己免疫疾患などの状態が免疫異常となります。

異物誤飲

本来体に入るべきでないものを、誤って食べてしまうことで起こります。屋内であれば部屋をきれいにして、散歩のときにもむやみに路上にあるものを口にしないよう気をつけることです。

4章

乳酸菌が改善！ペットの口腔内・皮膚・毛づや

犬や猫の不調は体の中だけでなく、皮膚や毛など見える部分でも起こっています。その原因を探りながら解決のヒントをご提案します。

あら…どうしてかしら

最近ニャンチーとONEチャンの
毛づやが美しいわ！
ツヤ〜
ツヤ〜
ツヤ〜

あれだけ多かった目ヤニも少ない！
キラキラ〜

最近変えたことといえば…
ワン
乳酸菌だにゃ

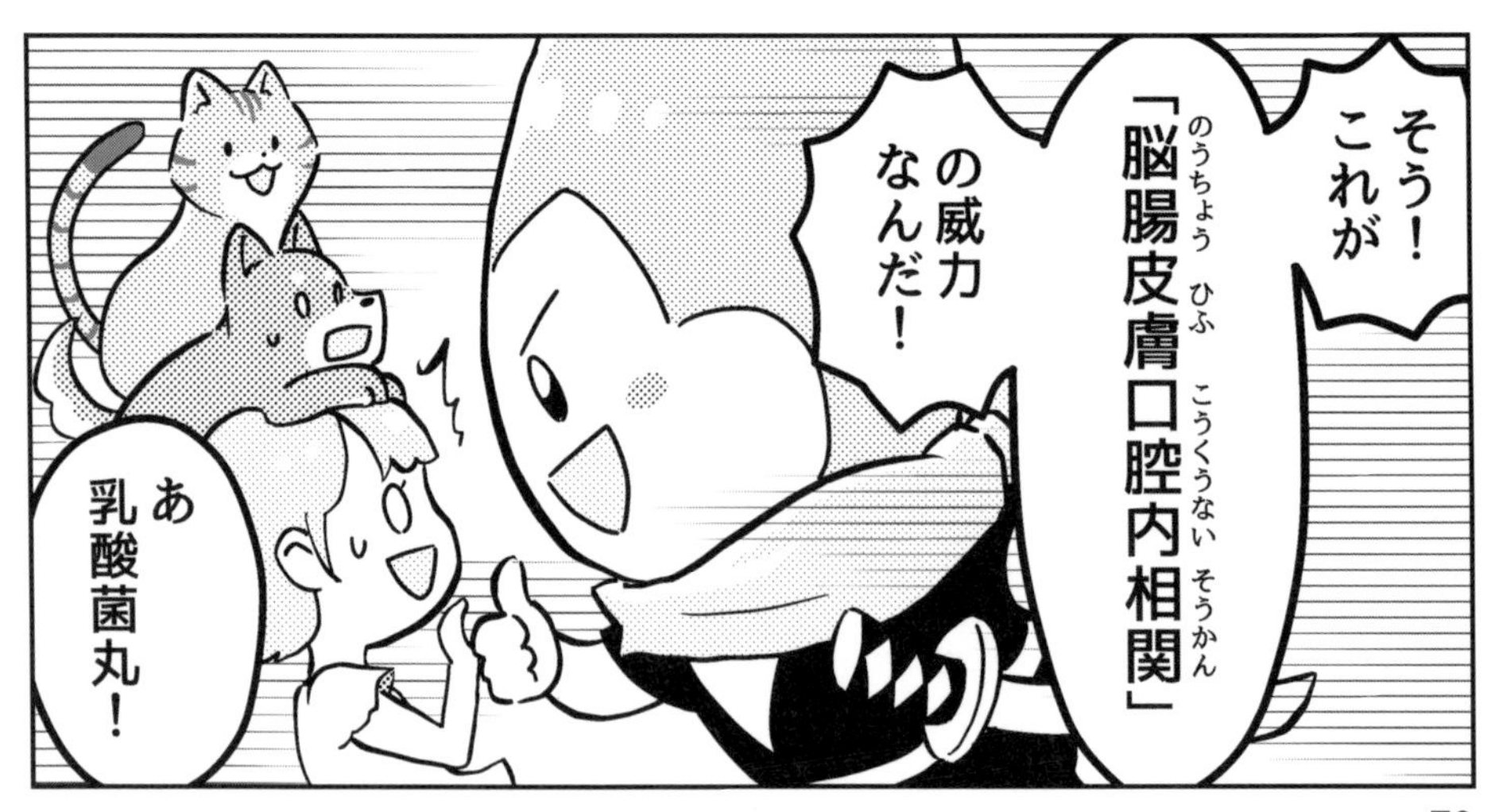
そう！これが
「脳腸皮膚口腔内相関」
の威力なんだ！
あ
乳酸菌丸！

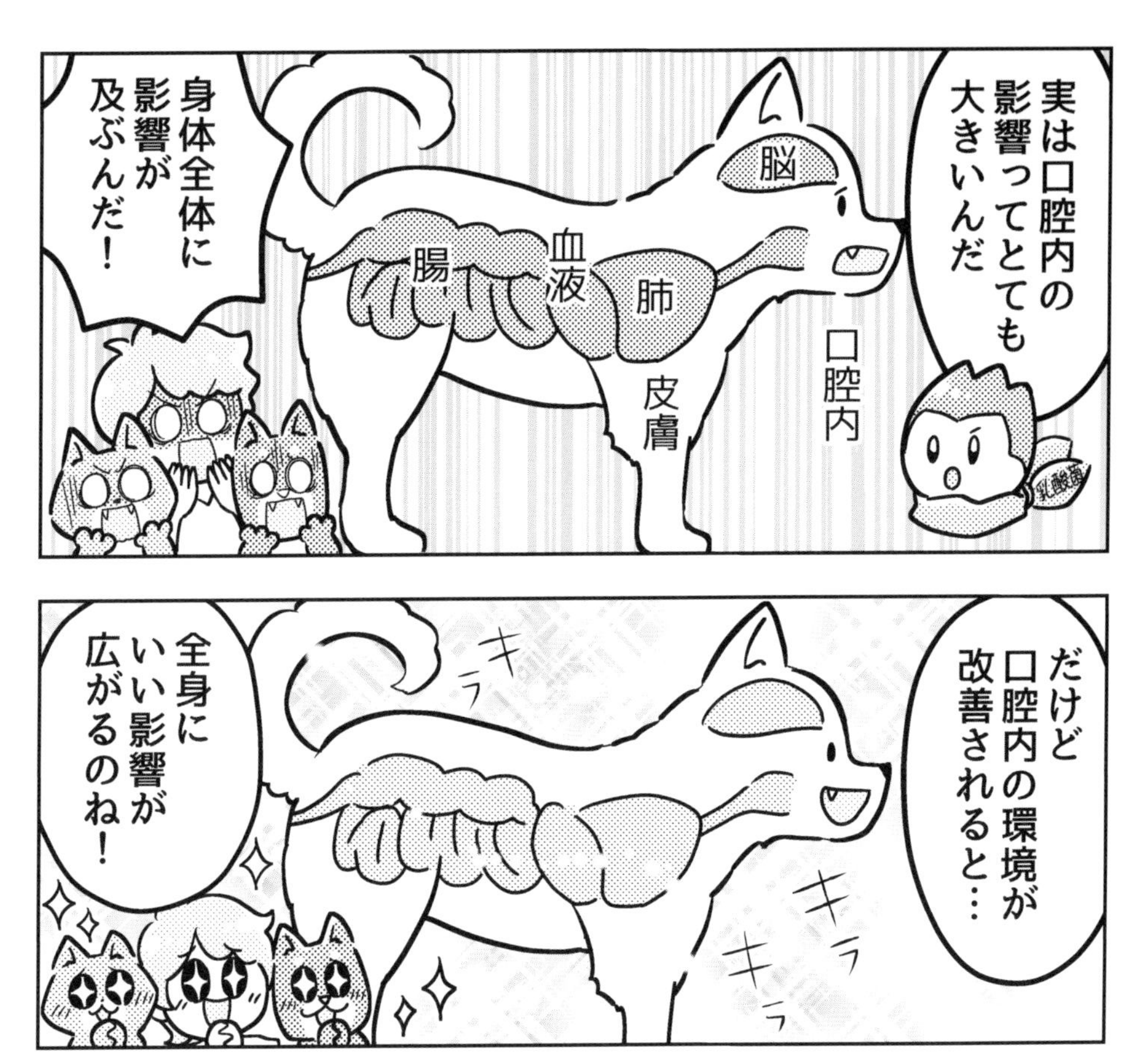
実は口腔内の影響ってとても大きいんだ
乳酸菌
口腔内
皮膚
肺
血液
腸
脳
身体全体に影響が及ぶんだ！
だけど口腔内の環境が改善されると…
キラ
キラ
キラ
キラ
全身にいい影響が広がるのね！

人間と動物は身体の仕組みが同じ…
ということは
もしかして乳酸菌を摂れば飼い主も…？
p.25参照
口腔内を整える乳酸菌は人間にとっても動物にとってもオススメだよ！

おロの不調

口腔内と歯周病

口腔内ケアで良好なお口の環境にしておくと、全身も健康に

歯周病の原因は、歯に付着した細菌やその細菌が出す毒素によって、歯肉や歯周組織に炎症が起こること。歯周病は歯肉炎→歯周炎→歯槽膿漏→歯根膿瘍→歯茎からの出血、歯がグラグラする、抜けるなどという状態で進行していきます。犬や猫は口腔内の痛みを強く感じるとされ、歯肉炎に伴う口の痛みから元気や食欲がなくなって、よだれが増えて口臭がきつくなるといった症状が見られるようになります。

咀嚼した食べものを飲み込むときには胃や腸に唾液も流れて行きますが、このとき口腔内の細菌などの有害物質も一緒に流れてしまい、腸内細菌のバランスを崩し、悪玉菌を増やすことがあります。そうなると腸のバリア機能が低下し、最終的に血中に細菌由来の毒素量を増やすことにもなります。

また歯周病菌は、間違った歯みがきでも全身に広がります。歯周病菌が歯肉の血管

に入り込むと、炎症物質が血管に流出。細菌と炎症物質は血液を通して全身に広がり、腸ばかりか心臓や腎臓、肝臓などの重要臓器にまで悪影響を及ぼします。歯周病菌により血管に炎症が起こると、それがもととなって血行障害や血管壁への脂肪の沈着、さらに血液が固まって血栓などが起きやすくなります。

口腔内の常在菌バランスを整えると注目されているものが、私の発見した「乳酸菌HJ1株」です。これは乳酸菌の体液が混ざっている乳酸菌株で、口腔内に与えると悪玉菌を抑制します。その働きから、歯周病の予防に最適な乳酸菌といえます。

犬や猫の口腔内での乳酸菌の効果

- ポルフィロモナス菌（歯周病菌）の抑制
- 黄色ブドウ球菌の抑制
- カンジダ菌の抑制
- 口臭の抑制
- スタフィロコッカス・シュードインターメディウス菌(人間の虫歯の原因とされる)の抑制

「乳酸菌HJ1株」と同種の「プランタラム菌」との免疫の活性値の比較試験では、「乳酸菌HJ1株」が最も効果が高かったという結果が出ています。

お肌の不調

皮膚炎

皮膚のかゆみは最大のストレス！　最善の方法で取り除いて

皮膚にはもともと皮膚常在菌が存在します。代表的なものがブドウ球菌、アクネ菌、黄色ブドウ球菌などです。この中でブドウ球菌は腸内細菌でいえば善玉菌的な存在で、ストレスを感じる外的刺激などから、肌を守ってくれています。ブドウ球菌の味方となる日和見菌がアクネ菌で、汗や皮脂をエサにするアクネ菌が善玉菌に加担すると、潤い成分のグリセリンが生成されます。

悪玉菌的存在は、「黄色ブドウ球菌」「薬剤耐性菌」「多剤耐性菌」「マラセチア菌」「緑膿菌」「カンジダ菌」「スタフィロコッカス・シュードインターメディウス菌」など。ほかにも寄生虫、ストレス、腫瘍性のものなども皮膚トラブルの原因となります。このバランスが崩れると、かゆみ神経が伸びて引っかいてしまったり、乾燥してしまうなどして、最大の防御機構である皮膚は崩壊の危機となります。

また犬や猫の皮膚炎の原因の一つが、ペットフードに含まれる油。粗悪な油で腸内がダメージを受けると、皮膚にダイレクトに悪影響を及ぼします。それだけではなく脳への影響もあり、ストレス過多になることも、皮膚にダメージを与えます。

皮膚の常在菌のバランスを整えると最近注目されているものが、「乳酸菌の体液」です。これは「乳酸菌HJ1株」に含まれる成分で、この乳酸菌の体液が含まれたものを皮膚に与えると、悪玉菌を抑制する効果が期待大。善玉菌が勢力を増し、天然のグリセリンが出て潤いが増し、脂肪酸により悪玉菌を抑制します。

犬や猫の皮膚炎の乳酸菌効果

- マラセチア菌の抑制
- 黄色ブドウ球菌の抑制
- スタフィロコッカス・シュードインターメディウス菌の抑制
- 体臭の抑制

肌の水分量のアップとともに、肌の善玉菌であるブドウ球菌（エピデルミディス菌）は増えます。

お肌の不調

毛づや

腸内環境と食事、ブラッシングで毛づや改善！

毛づやが悪くなる原因の一つは、老化。人間の場合の白髪になったり、毛の質が変わるのと同じ状態です。これは高齢になると消化や吸収力、免疫が低下して食事から十分に栄養を摂取できず、毛まで栄養が行き届かなくなることで起きます。

健康な毛づやをつくるには、乳酸菌などで腸内環境を整えてあげること。これは「脳腸皮膚口腔内相関」により、健全な腸から皮膚や毛にも情報が送られるからです。腸内環境が悪かったり、栄養バランスが偏っていると、高齢でなくても毛づやが悪くなってしまいます。

一方で病気によって毛づやが悪くなり、脱毛してしまう場合もあります。消化器の病気で、食欲不振や嘔吐、下痢、便秘などが長期にわたって続くと、十分な栄養を摂取できずに毛づやの悪化を招きます。ほかにも慢性胃腸炎や巨大結腸症、腎臓病、甲状腺機能亢進症、回虫や鉤虫などが原因になる場合もあります。

もし体の不調は見られないのに毛づやがよくない場合は、食事内容を見直して、良質の乳酸菌で腸を整えてみましょう。そして定期的にブラッシングをして、皮膚の新陳代謝をよくすることも大切です。

また猫はもともときれい好きで、自分でせっせと毛づくろいをします。そのため健康な猫は毛づやも毛質のよさもキープしています。しかし高齢で毛づくろいをしなくなった猫は、よりこまめなケアが必要です。

健康アドバイス

腸内環境が整ったら、毛がふさふさになってつやも戻ってきたよ。わ〜い♪

目の不調

結膜炎

目の腫れ、涙目は結膜炎のわかりやすいサイン！

犬や猫でもっとも多く起こる眼病は「結膜炎」。目の状態が悪くなるとストレスを感じやすく、イライラするなどメンタル面までも乱れてしまいます。

猫の結膜炎は、白目まですべての表面をおおっている結膜に炎症が起こります。原因はウイルスや細菌による感染、外傷、シャンプーなどの薬剤、ほこりなどの異物による刺激、アレルギー、免疫の異常、腫瘍など多岐にわたります。

猫の結膜炎はウイルス（ヘルペス、カリシ）や細菌（クラミジア、マイコプラズマ）感染が原因ということが多く、感染の有無は鼻汁やくしゃみ、発熱などの症状でも確認できます。ひどくなると結膜が充血してむくみ、目ヤニや涙目といった症状が出てきます。治っても50％以上の猫が再発をくり返します。

犬の結膜炎も目が腫れて、涙目になります。犬に多いのは非感染性結膜炎で、アレルギーや目に入った刺激物、目の損傷や外傷、または先天性異常などが原因として挙げられます。

猫も犬も野外環境や不特定多数の相手との接触は、結膜炎に感染するリスクを高めます。大切なペットを守るためには、完全室内飼育をすることも、予防策のひとつです。また粗悪な油脂を使用していないペットフード、上質な乳酸菌を摂取し、免疫を正常にすることも有効です。

その他多い眼病

- 涙やけ
- 角膜炎
- 角膜潰瘍
- 白内障
- 緑内障
- ぶどう膜炎
- ドライアイ

いつもこまめに
目のまわりを
チェックしてね

他にも

アレルギー

ペットも人間と同じようにアレルギーに苦しんでいます

人間と同様に、犬や猫などペットのアレルギー発生率も増えています。人間もペットもアレルギーの症状は、くしゃみや喘息、皮膚炎などが挙げられます。その初期症状はかゆみなどですが、その後に我慢できずに引っかいたりするので、さらに状態は悪化してしまいます。

ペットのアレルギーは、主にノミなどの寄生虫によるアレルギー性皮膚炎、アトピー性皮膚炎、食物アレルギーの3つに分けられます。ひどい場合は、複数のアレルギー性疾患に同時にかかることもあります。

とくに増えているのがアトピー性皮膚炎。人間と同じように環境によって発生するアレルギーで、空気中の花粉、カビ、イエダニ、フケなどに対して反応します。

初期症状は、顔周辺、足、下胸部、腹部にかゆみが出て、症状が進むと、表皮の部分的感染症などの皮膚感染症や耳の疾患などの症状が出てきます。また慢性的な強いかゆみから、頻繁にかいていると、脱毛につながることもあります。

食物アレルギーは、ほぼタンパク質に対して起こります。代表的なアレルゲンは、肉、魚、大豆、穀類、じゃがいもなど。食物は消化分解後、吸収されて体を構成する原材料になるものですが、免疫がこれらを有害な異物として認識してしまうと、体が反応して攻撃を開始します。

治療法は薬を使うこともありますが、腸内環境を整えるのがもっとも負担の少ない改善方法です。上質の乳酸菌を摂って「脳腸皮膚口腔内相関」が機能すれば、アレルギー反応も軽減されるはずです。

健康アドバイス

蚊やアブなどの刺咬昆虫に刺され、唾液が注入されると、アレルギー反応を起こすことも。これらの昆虫の活動時間は屋内待機！

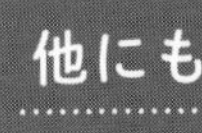

ストレス・メンタルケア

健康と幸せは腸と口腔内の環境が握っています

幸福ホルモンの一種セロトニンやオキシトシンや、やる気をアップさせるドーパミンは人間はもちろん、動物にとっても大切なホルモンです。「脳腸皮膚口腔内相関」といわれるように、腸内環境や口腔内とこの幸せホルモンは、とても密接な相関関係にあるのです。

脳、腸、皮膚、口腔内は、切り離すことができないくらい深い関係性にあり、常に影響を与え合っています。ですからこれらの環境がよくなればよくなるほど、体全体がベストな状態に整い、健康が維持できるということです。

その相関関係の循環の中心にあるのが腸で、樹木にたとえると栄養を吸い上げる根っこが腸、太い幹が脳、葉っぱや花が皮膚で土が口腔内というイメージ。葉っぱや花が害虫に食べられると、幹や根っこまでダメになってしまうことだってあるのです。

例えば口腔内に入った食べものが「おいしい」かどうかを判断するのは、脳です。ここでは有害菌が入っているかは判断できません。その後、腸は入ってきた有害菌や有害物質にストレスを感じ、腸の状態が悪化する前に有害と判断したら、吐き出させたり下痢をしたりして排出します。

ところが腸の機能が落ちているときに、体が悪いものを吸収すると、酸化の原因になります。結果、過剰摂取で直接影響を受けるのは、皮膚や毛などになります。逆にストレスから腸が守られると、「脳腸皮膚口腔内相関」が働くことで、幸せで安らかな気持ちを得られます。

健康アドバイス

口腔内の環境やケアも大切で、お口から細菌や汚血などの有害物質が全身に流れると、それからもストレスを感じやすくなるよ

中村仁が答えます!

何がおすすめ? ペットの安心ごはん

大切な犬や猫の健康寿命を延ばす、食事や食材をご紹介。

手作りのごはんと上質の糖がカギになります

脂質代謝が悪いなら体を糖代謝に改善!

多くのペットは、脂質代謝の悪い状態になっていると考えられます。それは使われている油脂などが原因で、長年粗悪な油を取り入れた体質をすぐに変えることはむずかしい。その改善策としては、糖分が大活躍します。

このときの糖は人工甘味料や異性化糖などではなく、上質な黒糖やはちみつ、皮をむいて食べるくだものなどから糖分を摂るようにします。体質が変わるまでは摂取を続ければ、体が糖代謝に変わってエネルギーが高まり、さまざまな不調を改善していきます。

● おすすめの糖

黒糖：太茎種(たいけいしゅ)のさとうきび100%の黒糖で、オーガニックなもの

くだもの：柑橘類、すいか、バナナなど皮をむいて食べるくだもの。皮には残留農薬が含まれているため、避けたほうがよい

はちみつ：日本産であれば日本みつばち、ニュージーランド産であればニュージーランドみつばちなど、その地域の蜂で採取されるはちみつ

手作りごはんで健康維持の栄養を

ドライフードは非常食として便利で、優秀なものであれば栄養バランスもよく寿命が延びるという話もあります。ただし健康寿命が長いかは、別の話。人間に置き換えて考えると、ドライフードは安く手軽なシリアルのようなもので、どんなにビタミンやミネラルが含まれていても、毎日食べ続ければ体調は崩れてしまいます。

ペットフードでも同じことがいえ、ドライフードやジャーキーを毎日食べていては健康維持は困難。せめてヒューマングレードのものを選びましょう。少し栄養価は下がっても毎日のごはんは、愛情をかけた手作りがベスト。手作りごはんとドライフードを混ぜることで栄養バランスが整ったり、1食がドライフード、1食が手作りになったりしてもかまいません。手作りがむずかしかったら、上質なレトルトやウエットフードと併用してOKです。

5章

ペットがよろこぶ乳酸菌の与え方

選ぶ食材や料理の内容次第で、
ペットの犬や猫は健康状態は驚くほど違ってきます。
最高の食事と乳酸菌がポイントになります。

あ〜
おいしい〜

はぁ…
幸せ…
やっぱり
健康が
一番よね〜

今までは
犬や猫たちの
健康を望んでも
健康になれる
具体的な方法が
わからなかった…

でも今は
不健康になる
原因が
わかるから
対処の仕方が
はっきり
してきたわ！

キレイな毛づややピカピカ肌も
ピカーー!!
腸内環境から生み出されているんだよね

知れば知るほど手放せないのが
乳酸菌!

身体をトータルで健康にしてくれていつもありがとう!
動物にも飼い主にも乳酸菌が大切なんだね♪

ペットにベストな腸内環境は、草食動物の内臓の再現と乳酸菌

昔、犬や猫は、今のサバンナの肉食動物のように、草食動物を捕食し生きてきました。捕獲した草食動物の胃や腸などの内臓を食べることで、植物が発酵された微生物を摂取。そして吸収と消化がスムーズに進みやすい状態を内臓に作り出し、肉を食べてお腹を満たす＋草食動物の腸内細菌などの微生物で、腸内環境を整えたのです。

そこで昔の草食動物のように内臓環境を再現し、腸内環境を整えないと健康状態は損なわれます。そのためには本当に上質な食物繊維と乳酸菌を摂取して、腸管免疫を高めることが必要。腸内環境が整えば、血液がきれいになって腎臓機能の負担も緩和し、涙やけや皮膚炎、アレルギーなども改善され、毛づやもよくなります。

最上の乳酸菌選びのポイントは「乳酸菌のサイズ」と「菌同士のくっつきにくさ」、「乳酸菌の細胞膜（体液）」「細胞壁」、「活性化テスト」の5つ。乳酸菌は小さく細か

いほど、腸で吸収されやすくなります。しかし小さく細かい乳酸菌も、菌同士がくっついてしまえばサイズは拡大し、吸収される乳酸菌の量は減少。また乳酸菌の細胞膜（体液）を、肌や口腔内に与えると、皮膚常在菌や口腔内細菌を整える効果があります。細胞壁は免疫を正常化や強化に働きます。そして活性化ダストをクリアしていること。

この5つのポイントに当てはまる乳酸菌が、2022年に製品化に成功した「乳酸菌HJ1株」。少量でも多くの効果が期待でき、さまざまな効果のエビデンスを取得していて、副作用もなく、食事のように毎日摂取し続けるとより体調が整います。

＼腸活memo／

適度な運動や散歩、良質な睡眠やシャンプーなどの水回りなどで、ストレスのない生活環境にすることができるよ！

安全な食材が使われているか、ペットフードは食材をチェック！

家畜とペットの違いは、残酷ですが人間が食べるか食べないかです。適用される法律も異なっていて、人体への影響が懸念される家畜の飼料は「飼料安全法」により、厳しい基準が設けられています。一方でペットフードは、2009年に「ペットフード安全法」ができ、成分を表記することが義務づけられている程度です。

表示内容は事業者名と住所、商品名、原産国、原料名、賞味期限など。しかしこの表示基準に問題があり、例えば賞味期限が迫った商品でもカビや腐敗がなければOKで、詰め替えて新しい商品として販売されることもあります。また原産国も中国産の原料を使っていても、日本で配合されれば、日本産や国産と表記できるのです。

さらに問題となるのが原材料。安いペットフードなどで使用されている肉は、問題のある動物の肉を加工していることがあります。これは4Dミート*と呼ばれ、肉骨粉、

○○類、○○パウダー、○○エキス、○○由来成分、○○ミートなどと記載され、かなり広範囲の肉を示しているので、具体的な原材料がわかりません。ですが肉に残った薬物や添加物から、薬害などの2次被害が生じる可能性もあるのです。

品質維持のために添加物や防腐剤も使用されていて、問題視されている添加物は亜硝酸ナトリウムという発色剤で、おいしく見せるために肉などに赤みを加えます。また防腐剤として使われているBHAは、発がん性物質として危惧されています。

次に動物性や植物性などの油脂類。外食産業などで廃棄される油をリサイクルで使用している場合があり、2014年時点では、廃棄量年間32〜35万トンの70%が、ペットフードに使用されているという報告もあります。

材料のつなぎとして使われる小麦粉などのグルテンは、人間もペットも分解酵素を持たないため、腸が傷ついてしまったり、炎症で穴が開くなどの症状を招く恐れがあります。さらに小麦粉は、白砂糖よりも1.5倍も血糖値が上がるという報告も。

これらを毎日食べさせると、悪玉菌が増えて腸は悲鳴をあげてしまいます。できるだけ野菜やくだもの、鳥獣名、米などと原材料名が、単品で記載されているものであれば、安心です。

＊注　4DミートはDEAD（屠殺以外で死亡した動物の肉）、DISEASED（病気の動物の肉）、DYING（死にかけの動物の肉）、DISABLED（障害のある動物の肉）のこと。

ペットも飼い主も乳酸菌で健康で幸せになりますように

ガン、心臓病、血行障害などの病気は、人間だけでなく多くの犬や猫などのペットが発症して、死亡原因の上位を占めています。栄養満点のペットフードや薬などを摂取することで、ペットも寿命が延びて高齢化が進んでもいます。しかし健康寿命が延びているわけでなく、人間と同様に大きな問題になっています。

また飼い主の高齢化や健康問題も気になるところです。犬や猫などのペットは人間の子どもと同じように、飼い主が決めた食事や生活環境で生きていきます。もし飼い主が体調を崩してしまって世話ができない状態になれば、その影響は犬や猫などペットにも及び、両者とも不幸なことになってしまいます。

そうならないためには、飼い主も健康な状態を維持する必要があります。中にはペットかわいさに、自分のことを後まわしにしてしまう飼い主も少なくありません。どうかペットのためにも、自分の健康管理も忘れないでください。

私の願いは犬や猫などのペットも飼い主も、健康で幸せな毎日を送ってほしいという気持ちに尽きます。そのためにはペットも飼い主も、乳酸菌で腸管免疫を増やし、脳や皮膚、口腔内までケアできる腸内環境にしておくことが大事だと考えています。

そのためにはまず、食材の品質をチェックした安全で上質な食事を心がけること。加えて乳酸菌「乳酸菌ＨＪ１株」を配合した、健康食品に使用する「ＨＪ１乳酸菌」、化粧品として使用する「ＨＪ１-S乳酸菌」がきっと役立つと信じています。

犬や猫だけでなく、うさぎや鳥類など他の種類のペットも、そして人間も、腸内環境が変われば、未来は変わります！

これからも本物を追い求め、多くの人に笑顔をお届けします

世界にはない唯一無二の乳酸菌を持ちたいという夢を抱き、今日まで研究に取り組んで、23年という歳月が流れました。その間には新型コロナウイルスによる感染症が、世界中を混乱に陥れました。この事態は想定外ではなく、私が問題視している「サイレントパンデミック」の一つでないかと思います。これは目に見えず知らないうちに感染が広がっていく状況で、世界の保健機関や医療関係者たちにも危惧されているものです。

新型コロナウイルス感染症のワクチンでもわかるように、細菌やウイルスは今まで効果のあった抗菌薬（抗生剤）などと対峙するかのように、変異して強力になります。そして「薬剤耐性菌」や「多剤耐性菌」などとなり、感染を拡大させます。

この状況には、上質の乳酸菌を取り入れて最高の腸内環境にすることで、自己防衛

できると考えています。それには私の発見した「乳酸菌HJ1株」も、世界を「サイレントパンデミック」から救える可能性のある一つと信じています。

製品化の成功や乳酸菌の発見は、多くの方のお力添えがあってのこと。乳酸菌発見のきっかけをくれた両親、乳酸菌の体液のヒントをくれた息子、製品開発の気づきをくれた娘、日々研究に寄り添ってくれる愛犬たち、ともに歩いてくれる妻、一緒に会社を支えてくれる仲間たちなくしては、あり得ませんでした。何よりも私と製品を信頼し、一緒に広めてくださるお取引先様とご愛用者様に心より感謝しています。

これまでの研究により「脳腸皮膚口腔内相関」が明らかになり、エビデンスの取得や特許申請などもでき、これで世界を救うスタート地点に立てたと感じています。これからも妥協なく本物にこだわり、多くの人を笑顔にする活動を続けて参ります。

この本を手に取り、乳酸菌の力を一つでも知っていただければうれしく思います。

株式会社H&J
中村仁

著者　中村 仁（なかむら じん）

1978年に広島県廿日市市に生まれる。株式会社H&J代表。2001年より乳酸菌の仕事に関わり、2003年に乳酸菌メーカーの最年少理事となる。2010年に株式会社H&Jを設立し、動物業界のひどい現状を解決したいと、動物用の乳酸菌サプリメントを研究、開発して製品化に成功。動物業界に乳酸菌の必要性を提言し、多大な影響を与える。動物業界に乳酸菌を定着させていった先駆者として、『乳酸菌に選ばれた男』と呼ばれるようになる。また人間向け（小さな子供でも飲むことができる）にも安全な製品を作り上げる。2019年には自らの乳酸菌『HJ1乳酸菌』を19年越しの研究で発見し、現在43カ国で商標権を持ち、世界中と取引を行っている。さらに2年後には『HJ1乳酸菌』の細胞膜から体液を取り出すことに成功し、口腔内や皮膚の悪玉菌を抑制する特許を出願中。自社の乳酸菌商品の販売のほか、「腸の重要性」「腸内細菌とは」「健康食品の正しい選び方」などの講演会を行い、福祉活動として「エイチジンファミリープロジェクト（HFP）」を立ち上げ、飼い主、ブリーダーの「認可制」を、日本をはじめ全世界へ広めようと活動している。著書に『新しい乳酸菌の教科書』（辰巳出版）、『乳酸菌でお口・肌のトラブルは解決できる』（主婦の友社）がある。

医学監修　川野浩志（かわの こうじ）

獣医師、獣医学博士。日本獣医皮膚科学会認定医。現在は東京動物アレルギーセンターセンター長など、複数の動物病院で犬と猫のアレルギー専門外来を行う傍ら、藤田医科大学医学部消化器内科学講座客員講師でもある。

マンガ・イラスト　天城理伊
デザイン　河南祐介、五味 聡、
大西悠太（FANTAGRAPH）
構成・制作　荒川典子（AT-MARK）
校正　東京出版サービスセンター
DTP　ローヤル企画
営業　岡元 大、広部敬明（主婦の友社）
編集　中川 通（主婦の友社）

ペット生き生き腸活ライフ

2024年3月31日　第1刷発行

著　者　中村 仁
発行者　平野健一
発行所　株式会社 主婦の友社
〒141-0021 東京都品川区上大崎3-1-1 目黒セントラルスクエア
電話 03-5280-7537（内容・不良品等のお問い合わせ）
049-259-1236（販売）
印刷所　大日本印刷株式会社

ISBN978-4-07-456757-7